庭园营造指南

杨守国 田 慧 谷 峰 主编

中国建材工业出版社

图书在版编目（CIP）数据

庭园营造指南 / 杨守国, 田慧, 谷峰主编 . -- 北京 ：中国建材工业出版社，2021.11

ISBN 978-7-5160-3306-7

Ⅰ．①庭… Ⅱ．①杨… ②田… ③谷… Ⅲ．①庭院—园林设计—指南 Ⅳ．① TU986.2-62

中国版本图书馆 CIP 数据核字（2021）第 185746 号

庭园营造指南
Tingyuan Yingzao Zhinan
杨守国　田慧　谷峰　主编

出版发行：中国建材工业出版社
地　　址：北京市海淀区三里河路 1 号
邮政编码：100044
经　　销：全国各地新华书店
印　　刷：北京天恒嘉业印刷有限公司
开　　本：787mm×1092mm　1/16
印　　张：12
字　　数：180 千字
版　　次：2021 年 11 月第 1 版
印　　次：2021 年 11 月第 1 次
定　　价：**120.00 元**

_____

《庭园营造指南》编委会

主　任：孙万臣

副主任：叶长允

主　编：杨守国　田　慧　谷　峰

副主编：王文秀　赵　航

编　委：（按姓氏笔画排列）

王文秀　王海见　叶长允　田　慧

冯爱云　孙万臣　杨守国　吴雯雯

谷　峰　张清泉　陈元鹏　庞衍同

赵　航　赵恒宝　段晓旭　索奎霖

韩　东

贺《庭园营造指南》出版

谋绿色生活

建美丽家园

唐学山 二〇二一·六·六

北京林业大学园林学院教授、博士生导师唐学山题词

序

　　济南城建集团有限公司设计院组织编写的《庭园营造指南》即将付梓，在此，谨向辛勤工作的编写、出版及其他有关人员致以诚挚的问候！

　　2019 年，中共中央总书记、国家主席习近平在北京出席世界园艺博览会时，发表了题为《共谋绿色生活，共建美丽家园》的重要讲话，明确指出了建设美丽家园及美丽乡村的方向。我们知道，家庭是社会肌体的细胞，家庭的幸福、和谐是社会安定团结的必要条件。这本书的出版，顺应了建设美丽家园、美丽乡村的主旋律，对增进人民的幸福感有着具体和积极的作用！

　　园林景观是形象的艺术。在书籍中，用图片特别是彩色图片展示形象是最直观的，最便捷的，让人一目了然。

　　本书的风格类似"看图识字"，图片占了更多的篇幅，这种方式使人们阅读起来更轻松，更有趣味，更便于人们选取自己中意的庭园类型。希望本书能受到广大读者的喜欢！

牟晓岩

济南城建集团有限公司董事长

2021.6.6

近几十年来，随着我国现代化建设的飞速发展，国民生活不断改善，许多家庭住进了别墅、小院，有了种花种草、改善居住环境的条件，进而设想拥有自己休闲待客的园林空间。我们在不断改变着大环境的同时，也在属于自己的小环境里进行着筹划。精美的庭园，使我们的生活更加亲近大地、亲近自然，使我们的心灵世界像天空一样明净、晴朗。然而，很多人由于缺乏庭园营造相关专业知识，自己一些美好的造园设想，找不到合适的语言来描述、界定，无法与设计师进行恰当的沟通。虽然当今社会不乏大部头的园林专业著作，但作为庭园营造"门外汉"，要从这些大而全的专著中启迪自己的灵感，着实感到云里雾里，不得要领。编者在济南、武汉、杭州、苏州、北京等地进行园林设计施工的过程中，了解到许多业主的诉求。据此，萌生了撰写一本庭园营造启蒙性读物的冲动。在济南城建集团有限公司相关领导和同事们的鼓励、支持下，开始了这本小册子的编写工作。

2021 年，公司通过研究，成立了"园林绿化系列丛书编委会"，初步拟定了编撰《庭园营造指南》《山东园林绿化适用植物图谱》《园林绿化杂谈》等书的编写计划，确定首先进行《庭园营造指南》的编撰，其他几册的编写工作将陆续开始。随即，有关部门选派了一些人员，配合编者对文字进行梳理，从现有图片资料中收集了千余张备选图片，之后根据文字要求海选配图，对每张精选出来的图片进行精修。此项工作花费了近一年的时间。2021 年 5 月底，在全体编撰人员的共同努力下，这本指导人们构思庭园营造的小册子终于编撰完成了。

本书是一本类似"看图识字"的通俗读物，力求简单扼要、通俗易懂、图文并茂、一目了然，便于读者选择应用。根据多年营造庭园的体验，我们还撰写了"庭园的设计、施工程序"章节，以求引导业主顺利开展实际操作。此外，在本书的末尾还提供了一份"庭园的设计选项清单"，供业主们勾选，就像"看菜单点菜"，然后交给设计师、施工单位直接进行设计、施工，减少了双方在沟通上的难题和阻碍。本书亦可作为园林设计师的参考资料。

这本册子篇幅不长，但它凝结了公司领导、相关部门和同事们的心血。在此，编者对他们致以衷心的感谢！由于编者的水平所限，谬误之处恐所难免，敬请专家、同行、读者批评指正。

编　者
2021 年 5 月

目 录

第一章

概述

住宅庭园是住宅建筑的外围院落、室外空间。它通过合理的总体布局、细部设计，通过栽植各种园林植物及果树、蔬菜，适量营造道路、水体、建筑小品、堆山置石，形成具有一定功能和艺术个性的、供人们休憩、娱乐和观赏的私人生活空间。

图 1-1

住宅庭园的形式、内容、风格可以千变万化。一般来说，住宅的建筑风格、建筑材料、场地环境的独特性以及业主的个人生活需求、兴趣爱好是确定庭园风格的决定性因素。例如，具有乡土气息的住宅建筑，其庭园应是乡村式的庭园；充满现代气息的住宅，适合布置简约抽象的现代式庭园……当然也有例外。如现代式住宅的业主，也许就想营造一个维多利亚风格的庭园或者是日式的枯山水庭园，这也未尝不可。

图 1-2

总体来说，庭园的布局风格分为规则式（图 1-1）、自然式（图 1-2）和混合式（图 1-3）三种。

无论选择何种风格，一定要慎重选

图 1-3

择园林植物的品种和形体大小。硬质景观元素与住宅建筑主体之间的比例尺度要保持和谐，色彩要协调。因为植物体的生长发育有年周期和生命周期的变化，我们在预留它的生长空间的同时，要利用这一特性创造出丰富多彩、季相交替的景观。

一个优美、成功的庭园，不可急于求成，要靠多年的养护管理、修整完善，才能取得稳定的最佳效果（图1-4）。

图1-4

第二章

庭园的风格分类

建造或改造一个庭园之前，除了先选定庭园总体布局（如：规则式、自然式或混合式）和功能要求（如：观赏、娱乐、休闲、健身、种植等）外，还要确定其艺术风格。其中，人们对日式庭园、山庄庭园、中式庭园的风格是很容易界定的，而另外一些庭园的风格，因其产生、发展、演变的过程复杂而不容易被界定，还有许多庭园，往往融合了多种风格，更难以界定清楚。

庭园的风格是建立在发源地的气候、风俗甚至是哲学、宗教基础上的。这些风格又经历了人类历史的不同时期，而在世界各地演变、发展起来。下面我们就将经历了许多世纪而流传下来的、传统的庭园设计风格，进行简要的介绍。

第一节　中式庭园

中式庭园的产生已经有悠久的历史，在明清时期进入了成熟期，形成了自己的体系，与西亚庭园、西方庭园并称为世界造园三大体系。其中，以苏州园林为代表的江南私家庭园，成为中国园林发展史上的一个高峰。

中式庭园风格趋于自然，它重视山与水（代表阴和阳）的结合，重视借景、曲径通幽、忌一览无余；讲究意境、诗情画意；植物的选用、牌匾楹联等元素的使用，都注入了中国传统文化的内涵（图2-1）。

在 现 代 ， 中 式 庭 园 在 吸

图2-1

收了现代文化艺术的营养之后，庭园设计建造也有了很大的改进和发展。其住宅建筑多运用现代建筑材料，注入了新的设计风格。在保留和浓缩中华民族特色风格的前提下，庭园风格也注入新的内容。如：布置一些中国民族石雕、各种手工艺品，甚至也会运用一些现代风格的花坛、水池、门廊、建筑小品等（图2-2、图2-3）。

图 2-2

图 2-3

第二节　日式庭园

在日本奈良时代，日本贵族文化吸收了中国文化的精髓，开创了日式庭园的先河。此后的平安时代、室町时代有了进一步的发展。在明治维新时代，日式庭园受到欧洲影响，逐步趋于成熟。它注重简朴的田园生活和对完美、和谐的追求。它将"禅"的思想运用于庭园中，以简洁的手法诱导人们去不断思索、感悟。其中：石灯笼（图2-4）、枯山水（图2-5）、茶亭（图2-6）等已经成了日式庭园的象征。它的基本思想是象征自然：在一个土丘上堆几块大岩石就象征一座大山；几棵小树代表着一片森林；在空旷的砾石堆里开辟一条弯曲的石径，则喻示艰难的人生之路。其总体设计是遵循不对称的原则，其整体风格则是宁静、简朴的（图2-7）。

图 2-4

图 2-5

图 2-6

图 2-7

第三节　欧式庭园

欧式庭园起源于古罗马时代。其住宅建筑一般都建有规则式的内院，院内建有平台、传统式廊柱、回廊、围栏和水池（图2-8）。在现代，法国人、意大利人从文艺复兴时期的庭园中得到了灵感，创造出了举世闻名的欧式庭园。通常这类庭园面积都很大，气势雄伟，庄严华丽，重视平衡和比例；复杂的几何图形花坛多为对称式设计。它们的布局开阔，从不遮遮掩掩，既可以平视也可以俯瞰，适于人们尽情地观赏游览（图2-9）。

造型优美华丽的各式纪念喷泉是欧式庭园的主要元素（图2-10）。此外，这类庭园还划出较大空间来建造一些装饰性建筑，栽植修剪整齐的灌木（图2-11）。

图2-8

图2-9

图 2-10

图 2-11

　　欧式庭园虽然是由法国人、意大利人创造和发展起来的，但两国庭园风格的差别也是显而易见的。由于法国的地势比较平坦，故在其庭园设计中通常缺少在意大利庭园中常见的那些漂亮的装饰性台地。

　　在现代，纯正的欧式庭园中台地已不多见，但它们对其他各类庭园的影响是深远而广泛的。我们可以在有限的造园空间里汲取欧式庭园的精华，取得形似的效果。

第四节　山庄式庭园

　　山庄式庭园起源于英国佃农在自给自足的农场中修建的家园，一般是自然式的。它天然、美丽、不做作，又是实用、多功能的。它的植物多为可食用的蔬菜和药草，也有少量花卉供人们采摘和出售（图2-12、图2-13）。

图2-12

　　山庄式庭园的植物配置看似杂乱，实则是需要精心设计和布置的。这样才能形成起伏开合、疏密相间、错落有致、四季可观赏的自然美景。这里的园径宽度基本一致，材质多样，从庭园花草树木中蜿蜒穿过；水井是山庄式庭园中常见的组成部分；山庄里还可以设置供小鸟戏水和野生动物饮水用的盆形或台式容器（图2-14、图2-15）。

图2-13

图 2-14

图 2-15

第五节　维多利亚式庭园

　　维多利亚式庭园起源于英国的维多利亚王朝早期，是一种兼收并蓄的风格，是把规则式和自然式布局糅合在一起的混合式布局庭园，其植物材料也是异国植物与本土植物兼用；在设计中，把自然景色与庭园内景严格分开；庭园中常有棚架、露台、日晷和各式栽植植物使用的构筑物；庭园中还设有壁龛、情侣座椅等；在这类庭园中，人们常常使用一年生的草本花卉，栽植成毛毡花坛，这种做法曾经非常流行；喷泉、雕像、花瓶、陶罐是这类庭园的画龙点睛之笔（图 2-16 ~ 图 2-18）。

图 2-16

图 2-17

图 2-18

第六节　英格兰乡村式庭园

英格兰乡村庭园植根于维多利亚后期的庭园风格中，它用自然风景取代了维多利亚封闭的庭园风格。它的铺地因长年的自然风化而显出铜绿色的光泽，墙上长满了地衣和青苔，园径两侧花草繁盛，这类庭园要经历很长的岁月才能达到预期的效果（图 2-19、图 2-20）。建造这类庭园要像绘画艺术一样，要全面构思它的总体布局、色彩格调、植物配置、图案设计之后才能把握全局，形成类似自然的人工植物群落。这种庭园的传统特色包括：围栏、灌木丛、棚架、果园、景石、园径以及传统的植物品种，适于营造在广袤的乡村、郊野土地上（图 2-21 ~ 2-23）。

图 2-19

图 2-20

图 2-21

图 2-22

图 2-23

第七节　地中海式庭园

典型的地中海式庭园遍布西班牙、葡萄牙、希腊和法国等国家，加勒比海地区、美国加利福尼亚州、南美部分地区、澳大利亚、新西兰的北岛以及南非部分地区的气候都适合建造地中海式庭园。它的产生和发展除了与气候紧密相关外，也从早期的阿拉伯花园，特别是摩尔人的西班牙花园中吸收了文化内涵。这类庭园的首要特征是有一个长方形的内院，相当于一片私人的绿洲。绿洲内不仅有阴凉的树荫，还有潺潺的流水和清新凉爽的空气。这类庭园里有意模糊了室内室外的分界线，采取露天就餐，悠闲淳朴的生活方式体现在庭园的总体设计中（图2-24～图2-27）。

图2-24

图 2-25

图 2-26

传统的地中海式庭园都是规则式的。内院四边围有墙壁和树墙，园径通常高于地面，两旁的花草与人等高。水是内院常见的特征，形式有喷泉、小溪、池塘或自然式的游泳池。植物要选择夏季耐干旱炎热、冬季在温和潮湿的环境中能正常生长发育的品种。各式花盆、水缸、陶土罐等是这类庭园的一大特色。

图 2-27

第八节　现代式庭园

　　20世纪50年代，一些景观设计师从当代的建筑、电影等艺术领域中获取大量的设计精华，景观设计形式开始多样起来，形成了现代式庭园。其显著特征：首先是空间特性，设计师从现代派艺术中汲取灵感去构思三维空间。现代式庭园不再沿袭传统的单轴设计方法，立体派艺术家的多轴、对角线、不对称的空间设计理念已被景观设计师应用；其次，抽象派艺术同样对景观艺术起着重要的作用，从国际建筑风格中借鉴几何结构和直线图形，并把它们应用在当代庭园设计中（图2-28～图2-31）。

图 2-28

图 2-29

图 2-30

图 2-31

　　现代的照明技术、新兴建筑材料以及色彩鲜明的植物材料在现代式庭园中起着标新立异的作用（图 2-32 ~图 2-34）。

图 2-32

图 2-33

图 2-34

第九节　简约式庭园

随着我国房地产市场的发展，除高档别墅区以外，一般的商品房容积率都很高，用于园林绿化的户外空间都比较小。对于户外空间一般在几十平方米至一百多平方米的住宅，虽然面积不算大，但它是业主可以自由发挥和创造的理想园林空间，可以实现人们的审美追求。这种小巧、简洁的庭园，我们称之为简约式庭园。如：公寓楼、洋房、联排别墅、叠拼别墅的底层，以及少量的平房庭园，都属于这种类型。这种简约式庭园，恰恰是我国各地需求量最大的庭园门类。

由于每一个人的文化素养、职业类别、社会阅历、兴趣爱好不同，他们对于庭园的艺术造型、植物品种、功能设置的诉求也各不相同，甚至一家人也会有不同的观点。有时我们需要兼顾每个人的爱好，做成什锦拼盘式的庭园，比较典型的是以下几种类型：

以休闲、娱乐、社交活动为主的简约式庭园（图 2-35 ~ 图 2-39）。

图 2-35

图 2-36

图 2-37

图 2-38

图 2-39

以园林景观、种植园林植物为主的简约式庭园（图2-40～图2-45）。

图2-40

图2-41

图 2-42

图 2-43

图 2-44

图 2-45

以园林景观为主，兼顾休闲接待的简约式庭园（图 2-46 ～图 2-50）。

图 2-46

图 2-47

图 2-48

图 2-49

图 2-50

带有泳池、水池的简约式庭园（图 2-51 ~ 图 2-53）。

图 2-51

图 2-52

图 2-53

兼顾全家喜好的简约式庭园（图2-54、图2-55）。

图 2-54

图 2-55

简约式庭园总体布置案例示意图（图2-56~图2-58）

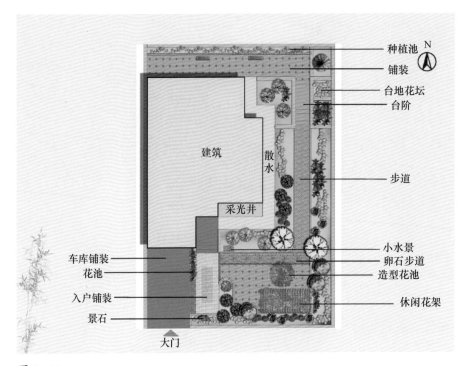

图2-56

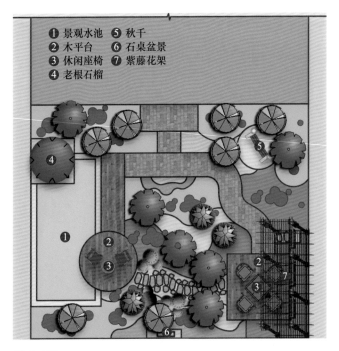

图2-57

1.花池种植月季　　　9.桂花

2.红枫　　　　　　　10.凤尾兰

3.红丁香白丁香　　　11.自然式小水池

4.猥实　　　　　　　12.椤木石楠

5.水泥小方砖　　　　13.木花架 紫藤

6.竹子　　　　　　　14.美人梅

7.大叶女贞　　　　　15.金叶榆

8.海桐　　　　　　　16.木平台

图 2-58

第十节　雨水花园式庭园

　　我国是水资源匮乏的国家。在庭园营造过程中，我们可以利用合理的排水坡度、建植草沟、铺装渗水砖、建雨水花园等"绿色"措施来组织排水，以"慢排缓释"和"源头分散"控制为主要规划设计理念，既避免了洪涝，又有效地收集了雨水，减少了灌溉用水消耗。在雨水花园式庭园营造中，可配置小水池、小溪流，栽植湿生植物，形成小型湿地效果，使其具备对雨水径流的渗透、调蓄、净化、利用的海绵功能。这样，可取得留住雨水和营造庭园景观的双重效果（图2-59～图2-64）。

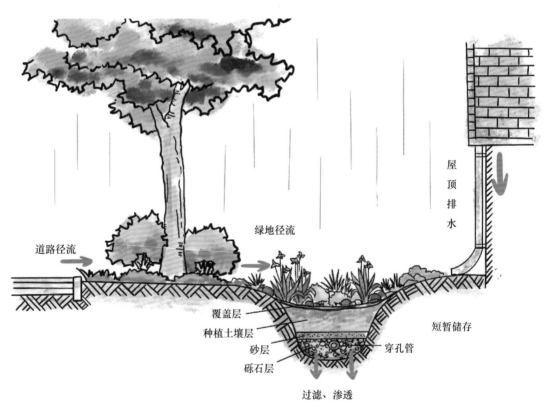

图 2-59

图 2-60

图 2-61

图 2-62

图 2-63

图 2-64

第三章

庭园的功能分类

第一节　庭园的一般功能

如前面所述，因受地域、气候和习俗的影响，庭园的风格多种多样，但一般情况下其主要功能却是大同小异的。现将其主要功能简介如下：

①为居民居住创造空气清新、景观优美的户外休憩空间。

②为居民的健身运动、娱乐活动提供舒适的场地和器械。

③为居民安静休息、接待宾客优美、宁静的场所。

④为居民提供野餐、烧烤的设备条件。

⑤为居民创造饲养和招引鸟、兽、鱼类，提供笼、舍、巢箱，以及土地、水池。

第二节　庭园的其他功能类型

1. 花果蔬菜药草园

有的居民特别喜欢农事活动，把有限的庭园空间大部分面积开辟为果园、菜园、花圃和药用植物园。为此，就要安排好排灌设施、瓜棚、豆架以及工具、肥料库房等（图3-1～图3-6）。

图 3-1

图 3-2

图 3-3

图 3-4

图 3-5

图 3-6

2. 低养护庭园

这类庭园适合喜欢美丽的户外景观，但又无暇打理园林植物的居民，或那些年迈多病、身体虚弱、无力经常照管花草树木的居民。

这类庭园的大部分地面常进行硬质铺装，或用粗砂、碎石覆盖；常选用适应性强的植物；一般会采用一些省工省时的栽培管理方式；其景观元素也无须经常保洁打扫。由于进行了很好的设计组合，低养护庭园的景观效果并不逊色（图 3-7、图 3-8）。

图 3-7

图 3-8

3. 露台、阳台及屋顶庭园

有的住宅庭园用地很少，甚至没有私家庭园用地，那就可以利用自属阳台、露台和有产权的屋顶来营造庭园。它可为居室创造优美的室外环境，也为居民户外休息、欣赏植物景观提供了环境条件。只要面积和各方面条件许可，所有地面庭园的功能，在这类庭园中大多可以实现（图3-9～图3-12）。

图 3-9

图 3-10

图 3-11

图 3-12

　　值得注意的是，由于这类庭园营造条件的局限性，所以要想营造这类庭园，必须得到物业管理部门的批准。对于防水、防火和承重的要求，这类庭园必须满足房屋建设的相关指标，以确保其在使用过程中的安全性。

第四章

庭园的硬质元素选型

第一节　铺地

1. 柔性铺地

（1）砾石铺地（图4-1）

图 4-1

（2）沥青铺地（图4-2）

图 4-2

（3）嵌草混凝土砖铺地（图4-3）

图4-3

2.木地板铺地

（1）装饰性木平台（图4-4～图4-6）

图4-4

图 4-5

图 4-6

（2）原木路（图4-7）

图4-7

3.刚性铺地

（1）冰裂纹石地面（图4-8）

图4-8

（2）卵石地面（图4-9）

图 4-9

（3）石块地面（图4-10）

图 4-10

（4）水泥砖地面（图4-11）

图4-11

（5）人工剁斧石地面（图4-12）

图4-12

（6）混和抛光大理石地面（图4-13）

图4-13

（7）拉毛水泥板地面（图4-14）

图4-14

（8）拉丝面石板地面（图4-15）

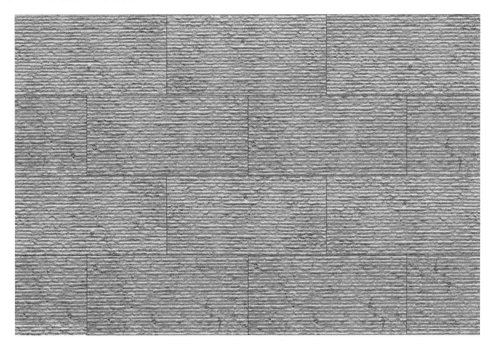

图4-15

（9）顺砌砖地面（图4-16）

图4-16

（10）席纹砖地面（图4-17）

图4-17

（11）人字形砖地面（图4-18）

图4-18

（12）PC仿石砖地面（图4-19）

图4-19

（13）透水砖（图4-20）

图4-20

（14）树脂黏结砾石面层地面（图4-21）

图4-21

第二节　台阶与坡道

1. 岩石台阶（图4-22）

图4-22

2. 条木踢面台阶（图4-23）

图 4-23

3. 方木挡土台阶（图4-24）

图 4-24

4. 内嵌隐藏照明台阶（图 4-25）

图 4-25

5. 三向石台阶（图 4-26）

图 4-26

6. 半圆形台阶（图 4-27）

图 4-27

第三节　道牙

1. 倾斜砖块道牙（图 4-28）

图 4-28

2. 岩石道牙（图4-29）

图 4-29

3. 仿木桩道牙（图4-30）

图 4-30

4. 预制混凝土道牙（图 4-31）

图 4-31

5. 石材加工道牙（图 4-32）

图 4-32

第四节　围墙

1.围墙的形式

（1）砖砌围墙（图4-33～图4-35）

图 4-33

图 4-34

图 4-35

（2）带方柱的围墙（图4-36）

图 4-36

（3）分段式围墙（图4-37）

图 4-37

（4）挡土墙（图4-38）

图 4-38

2.围墙的材质

（1）砖墙（图4-39）

图4-39

（2）不规则毛石墙（图4-40）

图4-40

（3）方形毛石墙（图4-41）

图4-41

（4）薄片毛石墙（图4-42）

图4-42

（5）多边形毛石墙（图4-43）

图4-43

（6）砾石墙（图4-44～图4-45）

图4-44

图 4-45

（7）普通混凝土砌块墙（图 4-46）

图 4-46

（8）浮雕石混凝土砌块墙（图4-47）

图 4-47

（9）现浇木纹混凝土墙（图4-48）

图 4-48

（10）方木条墙（图4-49～图4-50）

图4-49

图4-50

第五节　栅栏

1. 木板条栅栏

（1）圆顶木板条栅栏（图4-51）

图4-51

（2）尖顶木板条栅栏（图4-52）

图4-52

（3）顶部凹陷栅栏（图4-53）

图4-53

（4）尖顶菱形开孔栅栏（图4-54）

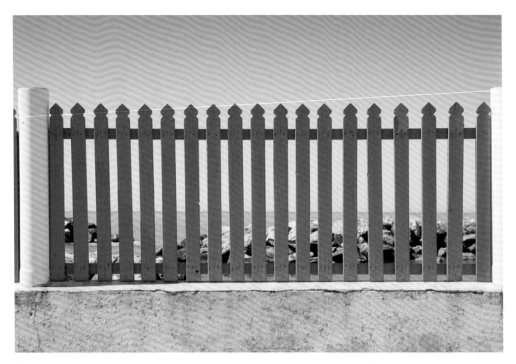

图4-54

（5）垂直修饰型木板条栅栏（图 4-55）

图 4-55

（6）稀疏型木板条栅栏（图 4-56）

图 4-56

（7）菱形稀疏木板条栅栏（图4-57）

图 4-57

2. 原木栅栏

（1）尖顶原木栅栏（图4-58）

图 4-58

（2）错落形原木栅栏（图4-59）

图 4-59

3.竹制栅栏

（1）竹排型花格顶栅栏（图4-60）

图 4-60

（2）直立型竹栅栏（图4-61）

图4-61

（3）菱形竹栅栏（图4-62）

图4-62

4. 金属栅栏

（1）链网栅栏（图4-63）

图4-63

（2）铁艺栅栏（图4-64）

图4-64

（3）罗马式栅栏（图4-65）

图 4-65

（4）环状铁栅栏（图4-66）

图 4-66

第六节　景墙

1. 砖砌花格景墙（图 4-67）

图 4-67

2. 预制混凝土花格景墙（图 4-68）

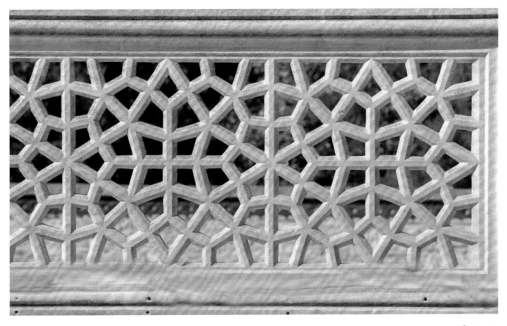

图 4-68

3. 鱼鳞式花格景墙（图 4-69）

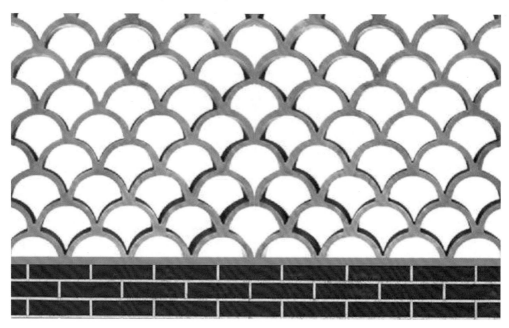

图 4-69

4. 铝架玻璃花格景墙（图 4-70）

图 4-70

5. 不同图案景墙（图4-71）

图 4-71

第七节　大门

1. 木板条尖顶门（图4-72）

图 4-72

2. 拱形院墙门（图4-73）

图4-73

3. 欧式木门（图4-74）

图4-74

4. 日式两叶木门（图4-75）

图 4-75

5. 双重金属门（图4-76）

图 4-76

6. 中式月亮门（图4-77）

图4-77

7. 欧式尖顶木门（图4-78）

图4-78

8. 方形金属门（图4-79）

图4-79

第八节 装饰窗

1. 方形金属格子窗（图4-80）

图4-80

2. 曲线花格窗（图 4-81）

图 4-81

第九节 格子矮墙

1. 菱形格子拱门矮墙（图 4-82）

图 4-82

2. 斜纹格子矮墙（图4-83）

图 4-83

3. 连拱竹制矮墙（图4-84）

图 4-84

第十节　棚架

1. 原木树干棚架（图 4-85）

图 4-85

2. 木制拱形棚架（图 4-86）

图 4-86

3. 金属拱形棚架（图4-87）

图 4-87

4. 木制格子棚架（图4-88）

图 4-88

5. 其他形式棚架（图4-89）

图 4-89

第十一节　亭子

1. 石头原木亭（图4-90）

图 4-90

2. 八角木亭（图4-91）

图 4-91

3. 金属方亭（图4-92）

图 4-92

4. 圆形金属亭（图 4-93）

图 4-93

5. 木格加雕塑亭（图 4-94）

图 4-94

6. 茅草顶圆亭（图 4-95）

图 4-95

第十二节　小型温室

1. 八面体温室（图 4-96）

图 4-96

2. 单坡顶温室（图 4-97）

图 4-97

3. 欧式风格温室（图 4-98）

图 4-98

第十三节　艺术装饰品

1. 壁挂饰品（图 4-99）

图 4-99

2. 雕塑（图 4-100）

图 4-100

3.古典雕塑（图4-101）

图 4-101

4.欧式花钵（图4-102）

图 4-102

5. 陶罐（图4-103）

图4-103

6. 日晷（图4-104）

图4-104

第十四节　招鸟、养鸟设施

1. 树挂巢箱（图 4-105）

图 4-105

2. 鸽舍（图 4-106）

图 4-106

3. 壁挂式鸽舍（图 4-107）

图 4-107

4. 石雕鸟池（图 4-108）

图 4-108

5. 独立式饲鸟台（图 4-109）

图 4-109

第十五节　灯饰

1. LED 隐形灯（图 4-110）

图 4-110

2. 玻璃纤维灯（图 4-111）

图 4-111

3. 方形景观灯（图 4-112）

图 4-112

4. 圆形草坪灯（图 4-113）

图 4-113

5. 壁挂灯（图 4-114）

图 4-114

6. 艺术花灯（图 4-115）

图 4-115

7. 日式灯（图 4-116）

图 4-116

8. 蘑菇灯（图 4-117）

图 4-117

第十六节　装饰水池

1. 景石驳岸水池（图 4-118）

图 4-118

2. 混凝土基层水池（图 4-119）

图 4-119

3. 柔性防渗水池（图 4-120）

图 4-120

第十七节　水体驳岸

1. 自然景石驳岸（图4-121）

图4-121

2. 卵石驳岸（图4-122）

图4-122

3. 沼泽地驳岸（图 4-123）

图 4-123

第十八节　喷泉、叠水

1. 简易自然式喷泉（图 4-124）

图 4-124

2. 上喷式喷泉（图4-125）

图4-125

3. 壁式喷泉（图4-126）

图4-126

4. 盆式喷泉（图4-127）

图 4-127

5. 陶罐式叠水（图4-128）

图 4-128

6.规则式喷泉（图4-129）

图 4-129

7.雕塑喷泉（图4-130）

图 4-130

8. 自然景石叠水（图4-131）

图 4-131

第十九节　小桥与汀步

1. 水中汀步（图4-132）

图 4-132

2. 草坪步石（图4-133）

图4-133

3. 木制平桥（图4-134）

图4-134

4. 木制拱桥（图4-135）

图4-135

5. 木制码头（图4-136）

图4-136

6. 木栈道（图 4-137）

图 4-137

第二十节　掇山、置石

1. 自然景石掇山（图 4-138）

图 4-138

2. 置石（山石小景）（图4-139）

图4-139

3. 孤赏石（图4-140）

图4-140

4.土包石（图4-141）

图4-141

5.岩石铺装地面（图4-142）

图4-142

6. 毛石加绿植挡墙（图4-143）

图 4-143

7. 塑石、塑山（图4-144）

图 4-144

第二十一节　园椅

1. 传统树椅（图 4-145）

图 4-145

2. 庭园遮顶椅（图 4-146）

图 4-146

3. 爱德华风格园椅（图 4-147）

图 4-147

4. 铸铁塑木椅（图 4-148）

图 4-148

5.连体野餐桌椅（图4-149）

图 4-149

第二十二节　烧烤灶

1.简易烧烤灶（图4-150）

图 4-150

2. 永久性砖砌烧烤灶（图 4-151）

图 4-151

3. 金属制烧烤灶（图 4-152）

图 4-152

第二十三节　儿童游戏器械设施

1. 成套组合游戏设施（图 4-153）

图 4-153

2. 儿童游戏房（图 4-154）

图 4-154

3. 木质秋千（图4-155）

图 4-155

4. 跷跷板（图4-156）

图 4-156

5.沙坑和嬉水池（图4-157 ~图4-158）

图 4-157

图 4-158

6. 篮球筐和篮板（图 4-159）

图 4-159

7. 平台迷宫场地（图 4-160）

图 4-160

第二十四节　游泳池

1. 常规游泳池（图 4-161）

图 4-161

2. 家庭式游泳池（图 4-162）

图 4-162

3. 跳水游泳池（图 4-163）

图 4-163

4. 绿洲式游泳池（图 4-164）

图 4-164

5. 罗马式游泳池（图 4-165）

图 4-165

6. 长方形游泳池（图 4-166）

图 4-166

7. L形游泳池（图4-167）

图 4-167

8. 塑料游泳池（图4-168）

图 4-168

第五章

庭园的植物配置和栽植方式

我国国土辽阔，地域广袤，各地气候条件有很大差别，本书列举的植物材料以华北地区河北、山东为主。部分植物需要与之相适应的小气候条件，还有一部分植物需要越冬防寒保护。如业主对植物生物学特性不熟悉，可向专业人员咨询后再选择栽植。

第一节　草坪、地被植物

1. 草坪要求细致平坦，边缘整齐。零散的地段配置地被植物，规则式的地被植物高度要基本一致（图5-1）。

图 5-1

2. 自然式的地被植物，可布置成高低错落、五彩缤纷的花境（图 5-2）。

图 5-2

3. 林下可种植耐荫的地被植物，如：北方的二月兰（图 5-3）、蛇莓（图 5-4）、花叶麦冬（图 5-5、图 5-6）、常春藤（图 5-7）、吉祥草（图 5-8、图 5-9）、酢浆草（图 5-10、图 5-11）、玉带草（图 5-12）、蕨类植物（图 5-13）等。

图 5-3

图 5-4

图 5-5

图 5-6

图 5-7

图 5-8

图 5-9

图 5-10

图 5-11

图 5-12

图 5-13

第二节　垂直绿化

1. 挡土墙可种植地锦（图 5-14、图 5-15）、凌霄（图 5-16）、扶芳藤（图 5-17、图 5-18）、山荞麦（图 5-19）、大花蔷薇（图 5-20）、藤本月季（图 5-21）等垂直绿化植物。亦可在墙上部种植下垂的植物，如迎春（图 5-22）、连翘（图 5-23）、云南黄馨（图 5-24）等。

图 5-14

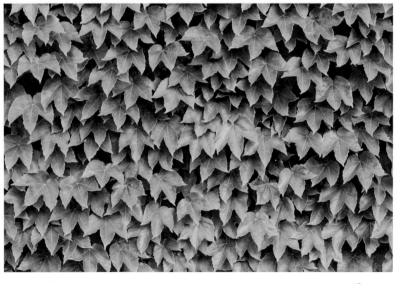

图 5-15

图 5-16

图 5-17

图 5-18

图 5-19

图 5-20

图 5-21

图 5-22

图 5-23

图 5-24

2. 在拱廊、棚架下可种植紫藤（图 5-25）、葡萄（图 5-26）、凌霄（图 5-27）、山葡萄（图 5-28）、白蔹（图 5-29）、地锦（图 5-30）等。亦可种植一年生的丝瓜（图 5-31）、瓜蒌（图 5-32）、牵牛花（图 5-33）、茑萝（图 5-34）、红花四季豆（图 5-35）等。

图 5-25

图 5-26

图 5-27

图 5-28

图 5-29

图 5-30

图 5-31

图 5-32

图 5-33

图 5-34

图 5-35

3.在竹篱、格子篱下可种植铁线莲（图5-36）、藤本月季（图5-37）等。

图 5-36

图 5-37

4. 在竹、木、钢制的拱门、花伞、花柱下面，可种植滕本月季（图5-38）、凌霄（图5-39）、铁线莲（图5-40）等。

图 5-38

图 5-39

图 5-40

　　5.在自然景石砌筑的挡土墙石缝中可种植小叶鼠李（图5-41）、荆条（图5-42）、夹果蕨（图5-43）、麦冬（图5-44）、绣线菊（图5-45）等。

图 5-41

图 5-42

图 5-43

图 5-44

图 5-45

第三节 绿篱与绿墙

1. 规则式绿篱可用瓜子黄杨（图 5-46）、大叶黄杨（图 5-47）、金叶女贞（图 5-48）、紫叶小檗（图 5-49、图 5-50）、圆柏（图 5-51）、红叶石楠（图 5-52）、小龙柏（图 5-53）等栽植修剪而成。

图 5-46

图 5-47

图 5-48

图 5-49

图 5-50

图 5-51

图 5-52

图 5-53

2. 高篱是高度在 1.5 米以上的、用来分隔空间或作为喷泉、雕塑背景的植物，可用北海道黄杨（图 5-54）、扶芳藤（图 5-55）、珊瑚树（图 5-56）、圆柏（图 5-57）等。

图 5-54

图 5-55

图 5-56

图 5-57

第四节　木本植物

1. 木本植物的自然形状见表 5-1。

表 5-1　木本植物的自然形态

1.棕榈式，如棕榈

2.圆柱式，如黑杨

3.尖塔式，如圆柏

4.圆锥式，如雪松

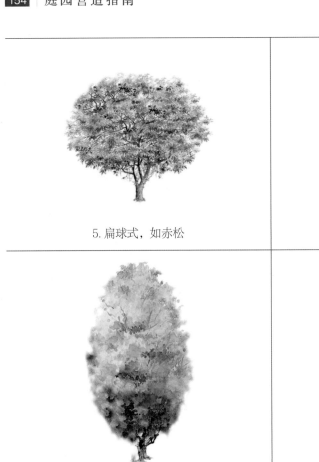

5.扁球式，如赤松

6.垂枝式，如垂柳

7.窄卵式，如加拿大杨

8.卵式，如悬铃木

9.圆球式，如棠梨

10.伞式，如合欢

11.半圆式，如杏树

12.倒钟式，如紫叶李

13.风致式，如鸡爪槭、松

14.丛生式，如丰花月季

15.半球式，如大叶箬竹

16.拱枝式，如迎春

17.匍匐式，如匍地柏

18.放射式，如凤尾兰

2. 焦点植物：一片林木的前面要有若干株在形体、色彩有特色的、能使人眼前一亮的植物，即焦点植物（图 5-58、图 5-59）。

图 5-58

图 5-59

3. 乔木与灌木简单组合示例（图5-60、图5-61）。

图 5-60

图 5-61

4. 植树容器（图5-62）。

图 5-62

第五节　常用水生、湿生植物

常用的水生、湿生植物有旱伞草（图5-63）、水葱（图5-64）、慈姑（图5-65）、千屈菜（图5-66）、洛新妇（图5-67）、睡莲（图5-68）、荷花（图5-69）、凤眼莲（图5-70）、雨久花（图5-71）、美人蕉（图5-72）、百子莲（图5-73）、水菖蒲（图5-74）、花菖蒲（图5-75）、黄菖蒲（图5-76）、花叶芦竹（图5-77）等。

图 5-63

图 5-64

图 5-65

图 5-66

图 5-67

图 5-68

图 5-69

图 5-70

图 5-71

图 5-72

图 5-73

图 5-74

图 5-75

图 5-76

图 5-77

第六节　庭园绿化常用栽植容器

1. 古典式花钵（图 5-78、图 5-79）

图 5-78

图 5-79

2. 木条制作的组合容器（图 5-80）

图 5-80

3. 装饰性石质瓶饰（图5-81）

图 5-81

4. 窗台花箱（图5-82）

图 5-82

5. 壁挂式半圆花盆（图5-83）

图 5-83

6. 屋顶花园种植槽（图5-84）

图 5-84

7. 抬高的栽植池（图 5-85）

图 5-85

8. 栽植池防护木桩（图 5-86）

图 5-86

9. 栽植池防护栏（图 5-87）

图 5-87

第六章

庭园的设计、施工程序

1. 选择庭园的风格类型

选择确定庭园风格类型的主要依据：

（1）根据住宅房屋的建筑风格确定庭园风格

如果建筑风格非常典型、有特色，建议庭园的风格要尽量与其保持一致。如果建筑风格特色不明显，或者是多元素的百搭型，庭园选型就可以随意一些。可按本指南第二项介绍的内容选择一种风格，亦可以一种风格为主，在一些局部兼容其他风格。

（2）根据室外空间的规整与否、大小差异来确定庭园的风格

如室外空间较规整、面积较大，较适合规则式和混合式布局；如空间不规整、面积较小，则适合自然式布局；面积较小但比较规整，也可以选择规则式布局。

（3）根据业主本人的喜好确定庭园的风格

规则式布局软、硬质元素的排列组合比较容易掌握，也容易出效果。而自然式、混合式布局则需要更高的艺术修养，进行高低错落的安排。也就是说，庭园风格因人而异，可根据个人的能力和喜好选择风格。此外，个人喜好受限于室外面积，只有合理、有效地利用有限的面积，才能更好地确定庭园的风格。

（4）综合来讲，室外空间的布置，要按主次先后的顺序来考虑。要首先安排不可拆分、占地面积大的项目，如游泳池、各种小型运动场、小广场、小温室、花架、凉亭、水池等。这些项目确定后，再确定道路的宽窄和路径。先安排硬质景观，再配置软质景观。

2.列出庭园规划清单

为了更全面地表达出业主对新建和改建庭园的具体要求，填写"庭园的设计选项清单"（附录），是一种方便、快捷的好方法。设计人员可以根据这个清单综合考虑方案设计。

3.测绘建设用地的现状

为了充分合理地利用室外空间已有的地形、地物，合理规划建设项目，业主可以委托专业测绘部门，或者由设计部门派遣测绘人员，在设计开工前，对整个院落主体建筑、围墙、水电接入走向、地形高低、现有树木、现有水体、庭园外道路、市政下水道、雨水口等一切有用的信息进行详细测绘。为了规划和施工方便，推荐选择 1∶100 的比例尺，逐一进行平面、竖向数据标定，绘制图纸。

4.进行图纸设计和现场定点放线设计

在前三项工作完成以后，进行图纸设计是顺理成章的事。业主如果有园林建设方面的基本知识，可以会同设计人员完成设计工作，也可提出自己的主要设想，使图纸设计更加完善。图纸完成修改以后，要让设计人员进行现场交底，在现场定位主要的硬质景观设施，看看定位是否恰当，与水电管线有无矛盾，如有问题应及时修改图纸。在这个阶段，要找好施工单位，签订施工合同，商定好施工有关事宜。

5.开始施工时首先埋设管线，进行地形整理

施工人员进入现场后，首先安排好物料存放的地点，准备好水电接口。施工顺序是先地下，后地上。首先按设计标定位置、深度，挖掘水电管沟，生熟土分开存放，不适宜植物生长的渣土随时运走。然后按设计要求埋设水管、电缆，最后回填夯实管沟。管线埋设完毕后，按竖向设计要求进行初步的地形整理。在进行地形整理的过程中，要保证有合理的排水坡度和排水方向，如土壤不好、渣土过多，可以过筛处理，并进行土壤改良。

6. 进行硬质景观施工

本步骤主要进行道路、铺装、景石、围栏、水池、建筑小品等硬质景观施工，是比较繁杂、重要的步骤，在实际操作过程中，可能要与上一个步骤交叉作业。首先，需要机械吊装、机械挖栽植坑的大规格树木的栽植施工，一定要在这个阶段进行。另外，在施工中需要挖基础槽，挖水池。各种基础砌筑完成后，土方还要回填，这可能会对原来已经整理好的地形有所破坏。有时需要挖掘、吊装机械进入，此时要注意对成品的保护，防止后续工程损坏前期工程成果。

7. 进行植物栽植

如前所述，大规格的树木移植需动用机械设备，应安排在硬质景观施工阶段进行。栽植阶段的任务主要是栽植中小乔木、各种草本植物和花卉草皮。根据以往的经验，为了使工作方便高效，栽植顺序应是：先乔木，后灌木，最后栽种草本植物和花卉、草皮。上述一切操作，应按《园林绿化工程施工及验收规范》（CJJ 82—2012）有关要求进行。

8. 现场清理

在前述各种施工过程中，要进行各种物业管理。要随时清扫现场，清除垃圾，清洗车轮、路面，杜绝污染小区环境。

对各种硬质景观要进行认真的保护和保洁工作。各种乔木要做好支护，要对植物进行喷水、养护、洗刷和修剪。

9. 进行工程验收

施工完毕后，业主召集监理单位、施工单位共同按合同要求验收，对不合格的部位事项要进行弥补、修复。工程验收合格后，施工单位人员、物料全部退场。

10. 结算，进入养护期

根据合同的约定，工程完毕后，进行工程结算，业主付款（如有养护期，则留有尾款）。如果合同规定了养护期，施工单位的养护人员此时接受任务，对庭园进行养护管理。养护期满并验收合格后，养护人员退场，业主支付施工单位尾款。

附录

庭园的设计选项清单

_____庭园的设计选项清单

（选项请画√）

序号	项目名称	必须	不必	可以	具体选项名称
1	中式庭园				
2	日式庭园				
3	欧式庭园				
4	山庄式庭园				
5	维多利亚式庭园				
6	英格兰乡村式庭园				
7	地中海式庭园				
8	现代式庭园				
9	简约式庭园				
10	雨水花园庭园				
11	花果蔬菜药草园				
12	低养护庭园				
13	露台、阳台及屋顶庭园				
14	铺地				
15	台阶与坡道				
16	道牙				
17	围墙				
18	栅栏				
19	景墙				
20	大门				

续表

序号	项目名称	必须	不必	可以	具体选项名称
21	装饰窗				
22	格子墙				
23	棚架				
24	亭子				
25	小型温室				
26	艺术装饰品				
27	招鸟、养鸟设施				
28	灯饰				
29	装饰水池				
30	水体驳岸				
31	喷泉、叠水、瀑布				
32	小桥、汀步平台、栈道				
33	掇山与置石				
34	园椅				
35	烧烤灶				
36	儿童游戏器械设施				
37	游泳池				
38	乔木				
39	灌木				
40	竹类				
41	藤本植物				
42	宿根、球根花卉				
43	水生植物				
44	1～2年生球根花卉				
45	草坪地被植物				

参考文献

[1] 唐学山，李雄，曹礼昆 . 园林设计 [M]. 北京 : 中国林业出版社，1997.

[2] 黄晓鸾 . 园林绿地与建筑小品 [M]. 北京 : 中国建筑工业出版社，1996.

[3] 张家骥 . 中国造园论 [M]. 太原 : 山西人民出版社，1991.

[4] 陈志华 . 外国造园艺术 [M]. 郑州 : 河南科学技术出版社，2001.